气象百问

全新再版

缤纷气象

福建省气象学会 / 福建省气象宣传科普教育中心◎编著

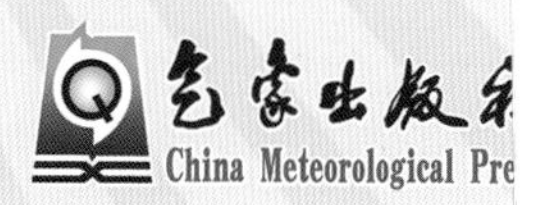

图书在版编目（CIP）数据

气象百问. 缤纷气象 / 福建省气象学会，福建省气象宣传科普教育中心编著. -- 北京 : 气象出版社，2021.11
ISBN 978-7-5029-7609-5

Ⅰ. ①气… Ⅱ. ①福… ②福… Ⅲ. ①气象学－儿童读物 Ⅳ. ①P4-49

中国版本图书馆CIP数据核字(2021)第240157号

气象百问——缤纷气象

Qixiang Baiwen—— Binfen Qixiang

出版发行：气象出版社
地　　址：北京市海淀区中关村南大街 46 号　　邮政编码：100081
电　　话：010-68407112（总编室）　010-68408042（发行部）
网　　址：http://www.qxcbs.com　　E-mail：qxcbs@cma.gov.cn
责任编辑：邵华　张玥滢　　终　　审：吴晓鹏
责任校对：张硕杰　　责任技编：赵相宁
封面设计：博雅锦
印　　刷：北京地大彩印有限公司
开　　本：889 mm×1194 mm　1/32　　印　　张：3.75
字　　数：85 千字
版　　次：2021 年 11 月第 1 版　　印　　次：2021 年 11 月第 1 次印刷
定　　价：20.00 元

《气象百问——缤纷气象》编委会

森林村的居民

小灵狐

健康、活蹦乱跳的小狐狸。
性格开朗，聪明，贪玩，
爱冒险，有点小淘气。
常进行有惊无险的
即兴表演。

蜜蜜

认真负责、活泼健康，
热爱气象知识、喜欢运动
的可爱小蜜蜂。
她是森林村气象站的观测员。

瘦瘦猴

森林村的小发明家，
喜欢打游戏、玩滑板和吃香蕉。
他是森林村气象站的预报员。

燕博士

亲切和蔼、努力钻研，
她是精通气象也熟悉生活
常识的年轻博士。

唧唧喳喳

特别爱说闲话的姐弟，
爱煽风点火、搬弄是非。
姐姐唧唧嫉妒心强、爱臭美；
弟弟喳喳是姐姐的小跟班，
常常受到姐姐的欺负。

大笨龙

憨厚、老实、勇敢的大力士，
反应和说话都比较慢。
在小伙伴遇到危险的时候，
总是挺身而出保护他们。

跳跳鼠

长相可爱的小松鼠。
小冒失鬼和贪吃鬼，
喜欢储藏食物。

羊爷爷

森林村的长者。
慈祥、有点固执的老爷爷，
有丰富的民间气象经验。

森林村的居民

三色犬

脾气暴躁、头脑简单、四肢发达，
自私自利、喜欢欺负弱小，
是唧唧喳喳的老大。

兔美眉

胆小、爱哭、敏感，
多愁善感、爱做梦，
喜欢打扮自己的漂亮小兔子。

勤劳、任劳任怨，
快乐、无私的小蚂蚁。

海龟宝宝

天真、善良、聪明的小海龟，
充满好奇心，喜欢交朋友。

智慧魔方

瘦瘦猴发明的盒子型机器人，
燕博士的好助手，
拥有丰富的气象知识储备。

石板为什么会“出汗”？ /1

有露水的天气是好天气吗？ /13

明、晴的标准是什么？ /23

谁把七彩桥架到了天上？ /35

星星为什么会“眨眼睛”？ /45

什么是黄梅天？ /55

一天中什么时候空气最新鲜？ /67

霞为什么那么艳丽？ /77

雾是怎样形成的？ /87

人工可以消雾吗？ /99

气象预警信号小知识 /111

石板为什么会“出汗”

扫描二维码
观看本集动画

讨厌的雨季来了，最近能出来这样玩的机会真少啊！

瘦瘦猴和小灵狐的球踢得真好啊！

我小灵狐的球技是一流的，哈哈！

看球！

踢得好高啊！

这球我一定能踢到。

小灵狐，球朝这边来了，好可怕！

嘭！

危险，快跑！

踩！
看我的必杀技，
倒挂金钩！

啊！没踢到！

哎呀！

摔得真惨啊！

好疼啊！奇怪，天才小灵狐不可能失误啊？

这石板怎么这么湿啊？难怪我刚才跳起来的时候，感觉脚底滑了一下。

哇！这么湿啊！好像石板“出汗”了一样。
瘦瘦猴，你看。

跳跳鼠，是不是你把石板弄湿的？

不是我，不是我，我什么都没做。

我也觉得不是跳跳鼠干的。
不是她干的，那是谁干的？

瘦瘦猴，小灵狐！

蜜蜜，有什么
事情啊？
你们和我一起去
帮小蚁弟搬家吧。

好啊！小灵狐，走了，
干正事去。

跳跳鼠，你也
一起来吧。

我们干嘛要去帮
小蚁弟搬家呢？

燕博士说，雨季快
到了，小蚁弟的家
怕下雨，所以……

我以为是什么
事呢。其实这个问题
早就被我解决了。

解决了？

不相信？
我带你去看看。

看到了吧，这是
我和大笨龙为小蚁弟
建造的石头屋。

好坚固的
房子啊！

这样小蚁弟就
不用怕下雨了。

哇！有这么多
客人啊！欢迎来到
我的新家。

小蚁弟，住新房
的感觉舒服吗？

很舒服，很舒服，
谢谢你！小灵狐。

怎么样，你们现在
可以放心了吧。

可是，最近新家的
墙壁、石板地面老是
冒出水珠。

像出汗一样，
房间里湿湿的，
很不舒服。

小蚁弟，你家的
石板也“出汗”啊？

跳跳鼠，不会又
是你干的吧？
怎么可能？
你又怀疑我！

智慧魔方，
石板“出汗”是
怎么回事啊？

石板上的“汗”，
其实是空气中的水汽凝结
在石板上形成的。

水汽凝结是
什么意思啊？

什么声音？

哎呀！水烧开了！

正好，用这壶水
来说明水汽凝结。

小蚁弟，你把水壶盖
打开，看看上面是不是
有许多水珠？

哇！上面真有
好多水珠。

当水壶里的水被烧
开以后，就会有很多
水汽往上升。

水汽上升
这些水汽上升时碰到
温度较低的水壶盖，就会在
水壶盖上凝结成小水珠。

这么说是空气
把石板弄湿的？

可是空气怎么把
石板弄湿的呢？

小蚁弟，你用手
摸一下屋里的墙壁，
有什么感觉？

墙壁凉凉的。

富含水汽的空气
H_2O
如果有温度较高、水汽也很多的潮湿空气经过，

这时各种露在空气中的物体，它们的表面会接触到空气中的水汽。

包括石板、室内冰冷的地板在内，这些物体表面温度低于周围空气的温度，
℃

H_2O
潮湿温暖的空气接触其表面，就会凝结成水珠，变得湿漉漉的。

原来是空气把石板弄湿的，小灵狐，你错怪跳跳鼠了。

对不起，跳跳鼠。
没关系。

没什么事的话，我们就回去吧！

再见，小蚁弟！
再见！

我突然有个想法。

以后我们只要看看石板有没有湿，就能知道会不会下雨。

真正预报下雨哪有那么简单。
具体要怎么做呢？

想要预报下雨，

除了要知道空气中水汽有多少，还要知道其他的气象因素。

再说测量空气中的水汽，光凭眼睛看石板是否潮湿是不准确的，需要专业仪器测量。

靠仪器测量出的空气潮湿程度，气象科学称为空气湿度。

我记得好像蜜蜜
每天都要用专门的仪器
观测空气湿度。

所以做天气
预报是很专业、
很辛苦的。

不好！快要下雨了！

我们赶紧回去吧！
完

有露水的天气是好天气吗

扫描二维码
观看本集动画

29/09/2021/20:11
蜜蜜
明天早上七点，
我们大草坪见，

咦？蜜蜜大清早约我去大草坪想干嘛呢？

是不是想和我单独出去玩呀？
跃起！

一定是！

嘿嘿嘿嘿！

明天一定要早起！

第二天

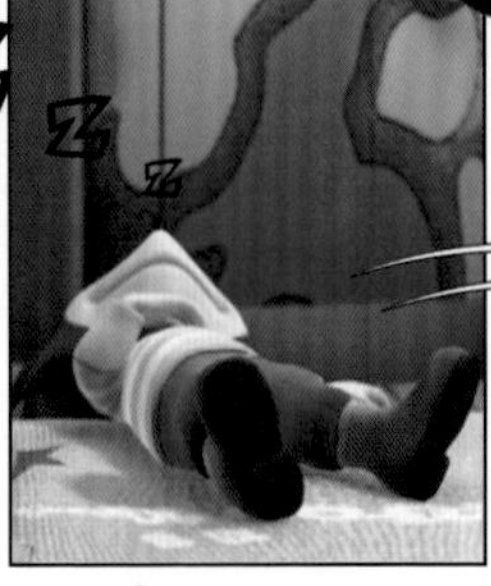

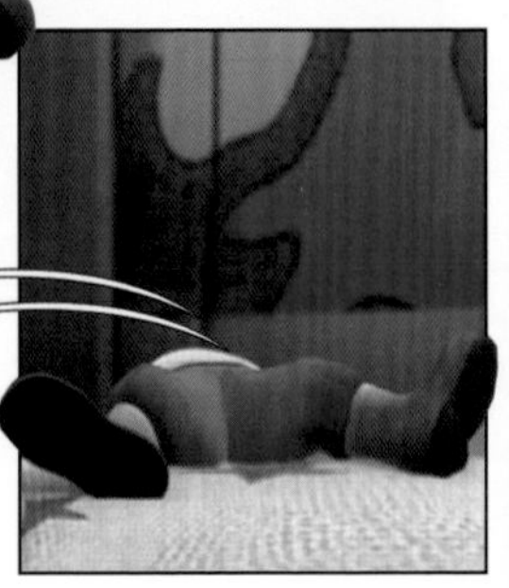

嘭!
疼死了……现在几点了?
6:45
啊!
糟了!要迟到了!

梳梳……

蜜蜜!
蜜蜜我来了!

咦？蜜蜜怎
么还没来呀？

不管了，先休息一下
吧……咦，有束花？

没人？那就先借
来送给蜜蜜吧！
她肯定会喜欢的！

这样她一定会常
常约我出来玩的！
嘿嘿嘿嘿！

特别是瘦瘦猴！
对了！这事可不
能让别人知道。

先坐下休息
一会儿。

哎呀！

湿漉漉……

讨厌！都湿了！

奇怪！怎么会有
这么多水珠呢？

该不会是要下雨吧？

那……那蜜蜜该
不会不来了吧？

小灵狐！
藏起！
蜜蜜！蜜蜜
你来啦！

你今天很早嘛！

嘿嘿嘿嘿！
是挺早的……
蜜蜜，花……

小灵狐，这么早呀！
今天太阳从西边出来了呀！
哈哈哈哈！

！！！
你们怎么来了？！

小灵狐你怎么了？看到我们很奇怪吗？
没……没有呀！我……我只是没想到你们都会来……

○○○○○○

嘿嘿嘿嘿……
你昨天不是
发消息说……
还说呢！你看
清楚信息了吗？
29/09/2021/ 20:11
蜜蜜
明天早上七点，
我们大草坪见，
记得带野炊用
的碗筷哦！
蜜蜜
信息？
啊！我忘了看
下一页。

唔……

别……别生气……
我只是想……
我以为……
心虚……

有了！
我看今天天气不好，以为你们不会来了。
天气不好？！
我发现一大早草地上就有很多的水珠，
说明天气潮湿，应该是要下雨了。
呵呵，刚好相反，那水珠是露水，有露水的天气一般是晴好天气。
怎么露珠也可以预报天气吗？
嗯。比如早上要有露珠，那前一天晚上的天气就要满足一定的条件。
第一个条件是前一天晚上的大气较稳定，天空晴朗少云而且风小。这样地面的热量就会散失得很快。

热量散失了，地面附近的空气温度就会很快下降，空气中的水汽就会遇冷凝结成水珠，附在草和树叶上，这些水珠就是露水。
℃
是不是只有这样露水才能形成呢？
一般是。如果夜里云很多或者刮风，第二天早上就没有露水了。
这是为什么？
因为云就像盖在地面上方的大棉被，
23
地面释放出的热量辐射到云层后有的被反射回地面，有的就被云层吸收了。
被吸收的热量不会乖乖地藏在云层里，而是会慢慢地再次辐射回地面。

原来这云层像保暖被一样，使地面附近的气温不容易下降，露水不容易出现。
风太大也不行。
风会使空气上下流动，这样地面附近的空气温度就不会很快下降，水汽也会很快扩散，露水也就很难形成了。
明白了！今天有露珠说明昨天晚上天空晴朗，云很少，风也很小，对不对？
对。而且昨晚晴朗少云的天气一般会延续到今天白天。所以说，早上有露水的天气一般是晴朗的天气。
好啦好啦！别忘了我们今天的主要任务是野炊。
可我忘了带野炊工具……
早就知道你会忘记，帮你准备好啦！
耶！野炊喽！
咦？！
糟了！我该怎么解释这束花？
完

阴、晴的标准是什么？

扫描二维码
观看本集动画

小灵狐怎么还没来呀？！

这人就爱迟到，老毛病了。

喂！我来啦！！

你总算来了！这次探险，我已经期待好久了，咱们快走吧！

出发！

今天的天气不太好呀，是个阴天。
这不能算阴天吧，应该算多云。
不对！今天虽然有点云，但还是可以看到太阳，应该是晴天。
是阴天！晴天应该一点儿云都没有！
应该是多云！
只要有太阳出现，就是晴天！

!!!
别吵啦！！

咱们正在探险，要团结一致！
别为了一点儿小事就吵个不停好不好！

我现在最关心的是，我们会不会迷路啊？

这里我们可是从来没来过的。
放心吧！我在路上都留下标记了！

你看！只要有这个，咱们就不怕迷路了。

哈哈！那我就放心了！
继续前进！

冒出！

三色犬！他们敢占你的地盘，你可得好好教训他们！

走啊走……

时间不早了，咱们该回去了吧？

是呀！回去还需要一段时间呢！万一找不到路就麻烦了。

咱们不是有标记吗？再走一段吧！

咦?

你觉不觉得这里我们好像刚才来过了？

好像是啊……
怎么又绕回来了？
?

我们一定是迷路了！
怎么办呢？呜呜呜……

我们不一定是迷路了，咱们不是有标记吗？
你别哭呀！

冒出！
嘿嘿嘿！

你们跟踪我们！
!!!
三色犬！
唧唧、喳喳！

看看这是什么！

啊！

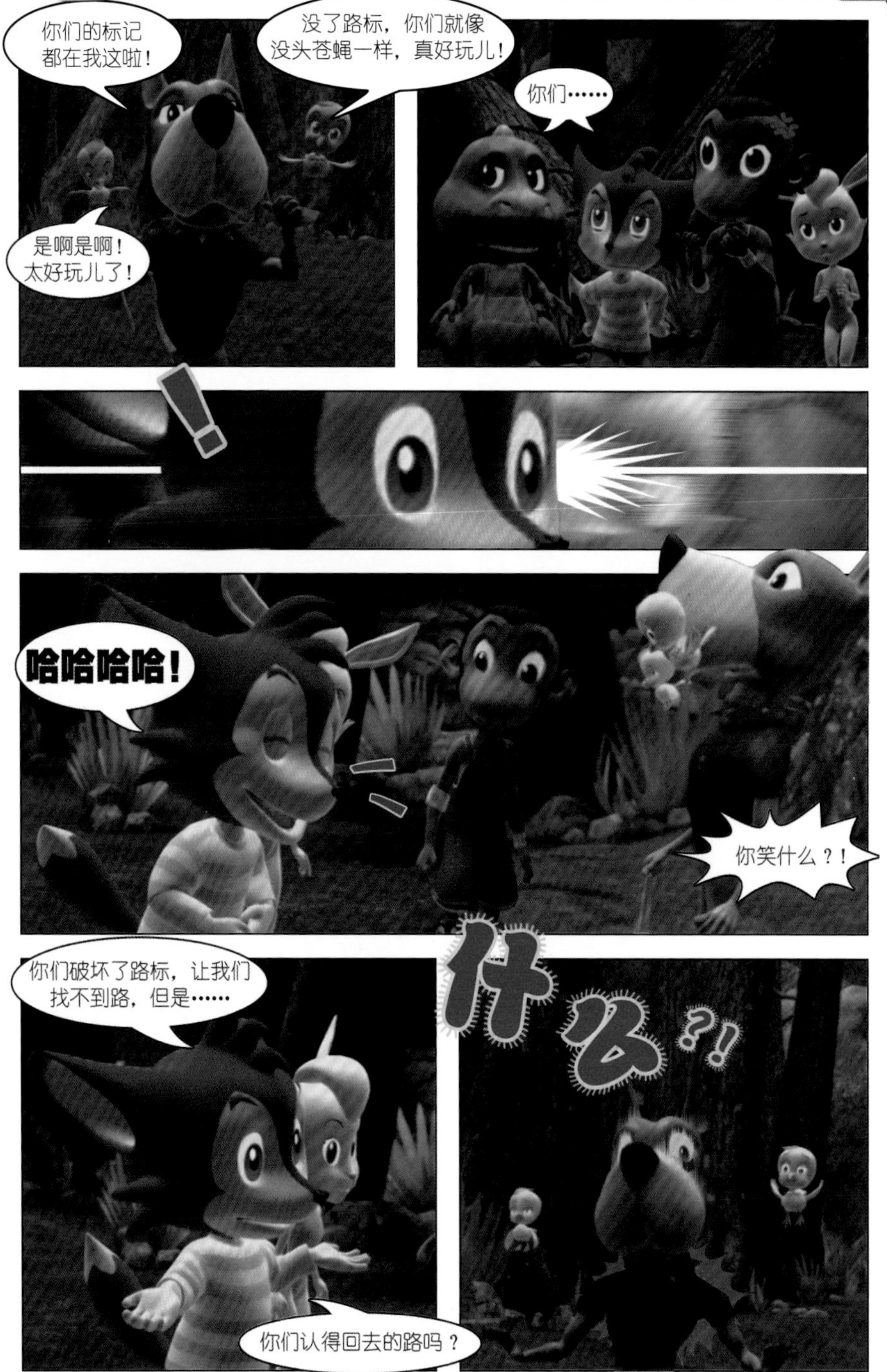
你们的标记都在我这啦!
没了路标，你们就像没头苍蝇一样，真好玩儿!
是啊是啊!太好玩儿了!
你们……
!
哈哈哈哈!
你笑什么？!
你们破坏了路标，让我们找不到路，但是……
你们认得回去的路吗？
什么?!

我也不知道会这样呀！！
都是你出的馊主意！

唉……这下子咱们都被困在这里啦！

○○○○○○
○○○○○○
○○○○○○

看来咱们只有向村子里求救了。

是啊！只好联系蜜蜜了。

小灵狐要和你对话……
小灵狐！你们的探险进行得怎么样了？
这个……我们迷路了……
怎么会这样！你们在什么方向？
我们也不知道啊！

对了，你们去探险的地方在森林村西边，
现在太阳在西边，你们往东走就对啦！

今天是阴天，太阳被云遮住了，我们看不到太阳在哪儿。
不对，今天是多云！

什么呀！今天有太阳，是晴天才对！

你们够了！这都什么时候了，还在为这个问题争吵！

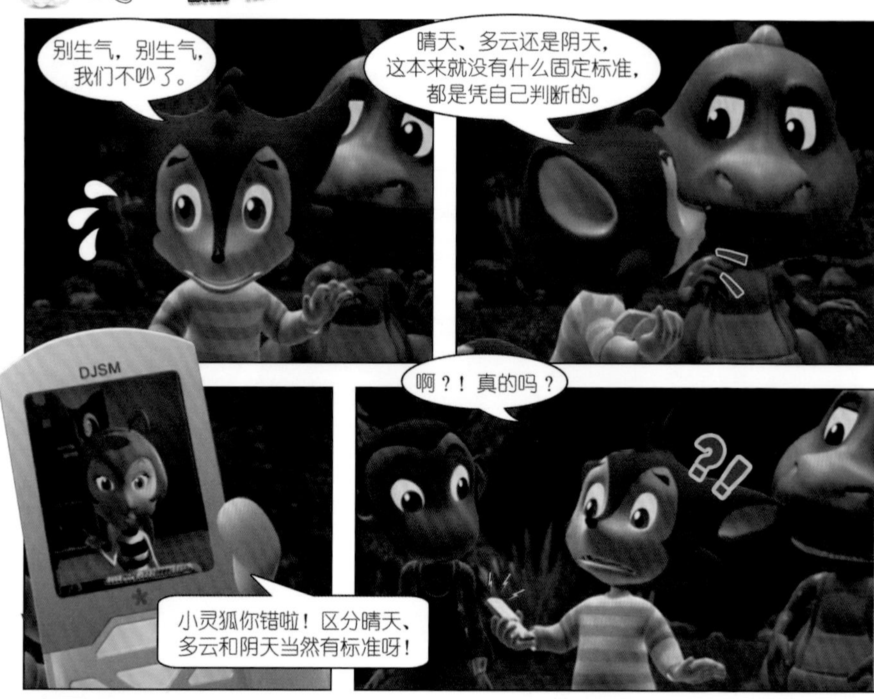
别生气，别生气，
我们不吵了。
晴天、多云还是阴天，
这本来就没有什么固定标准，
都是凭自己判断的。
DJSM
啊？！真的吗？
?!
小灵狐你错啦！区分晴天、
多云和阴天当然有标准呀！

云量10
云量5
云量0
在气象观测时，把不同高度的云的数量
记录下来，再按照数量的多少来打分。完全
遮蔽天空时的云量记为10；遮蔽一半时记
为5；一点儿云都没有记为0。

根据这些就可以划分阴、晴和多云了吗？
YOU HAVE COMMING CALL
是的。天气观测的阴、晴的标准就是这样划分的。

晴天
总云量少于1
少云
中、低云量1~3
高云量4~5
如果天空中基本没云或者少于1，就定为晴天；如果低云量为1～3或高云量在4～5，就定为少云；
如果遮蔽天空的中、低云量为4～7，或高云量为6～10，就定为多云；遮蔽天空的中、低云量大于7，天色阴暗，那就是阴天了。
多云
中、低云量4~7
高云量6~10
阴天
中、低云量大于7

我明白了！那明天是什么天气？
DJSM
根据观测，今天是多云转阴，明天云团会消散变成晴天。
太好了！蜜蜜，我们明天在山上看日出，然后你来接我们吧！
我们会放出信号给你的。

咻……
蜜蜜！蜜蜜来啦！
回家喽！
完

谁把七彩桥架到了天上？

哈哈！终于
大功告成啦！

等涂料干了
就可以给蜜蜜
过生日啦！

对了，先
去找瘦瘦猴。

一阵风吹过，彩虹气球飘向天空。

我要过
一个小鸟公主
的生日！
森林的另一头，和蜜蜜同天生日的唧唧、喳喳……

我的心愿是……

成为世界上
最美丽的……不！
我就是世界上最美丽
的小鸟。

应该是
世界上最招摇
的小鸟！

看！那
是什么？

好大的
彩色拱桥呀！

今天是
我们的生日。

不管哪
来的，都是我们
的生日礼物！

这主意
不错！
我们这就把
它弄回家去！

快飞！

一人
一边。

走这边，
我说走这边！

不！
走这边！
这边！

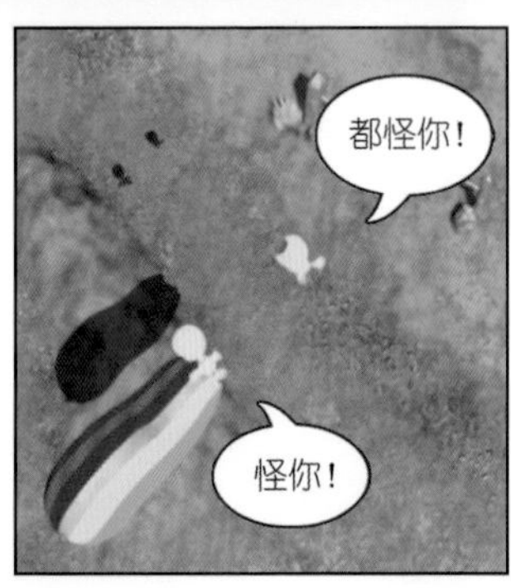
都怪你！
怪你！

你到底造了什么样的彩虹啊？
跟我来就知道了！
森林的另一边，小灵狐正带着瘦瘦猴去看彩虹气球。
上次我过生日的时候，
蜜蜜和兔美眉送我一个大棉帽，
这回我当然要好好表现啦！
看！七色大彩虹！
……

彩虹呢？

我的彩虹！
看我捡到什么东西啦？

我的彩虹气球怎么破了？

这是我刚才在路上捡的。

哈哈哈！这就是你的彩虹吗？原来是块气球皮。

本来我的彩虹气球可漂亮了！
答应蜜蜜生日那天请她看彩虹的，现在没有了。

彩虹？现在天上连彩云都没有。

哪能那么容易就看到彩虹啊！
其实只要条件具备就可以看到彩虹的。

那你们知道彩虹一般什么时候出现呢？
雨过天晴的时候呗。
反正现在不会有彩虹出来。

那也不一定呀。

我来给你们说说彩虹是怎么来的吧。
你们看，在下雨的时候或者在雨停以后，空气中布满了许许多多的小水滴。

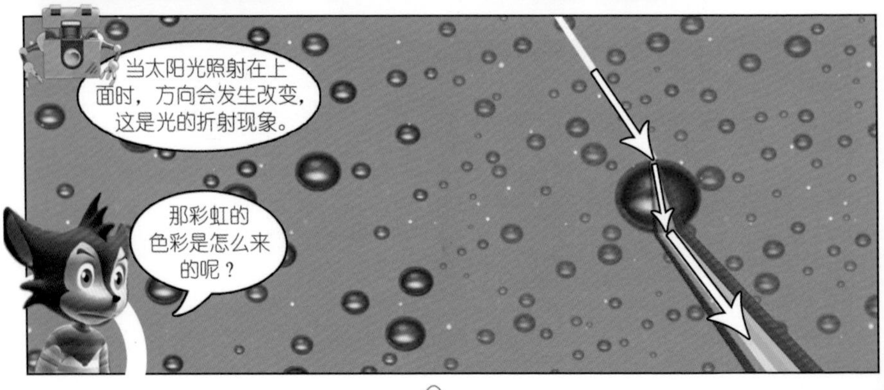

当太阳光照射在上面时，方向会发生改变，这是光的折射现象。
那彩虹的色彩是怎么来的呢？

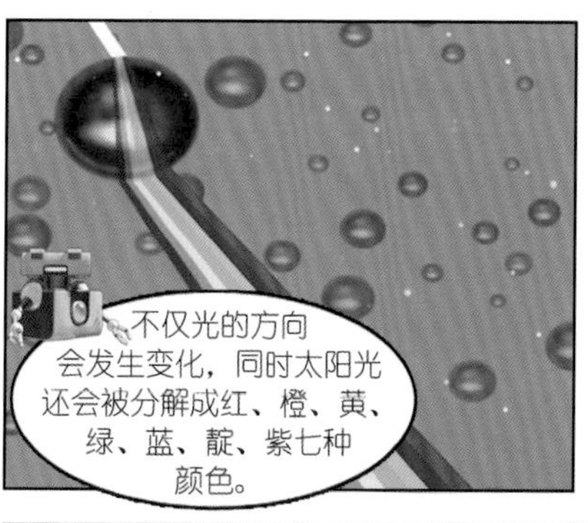
不仅光的方向会发生变化，同时太阳光还会被分解成红、橙、黄、绿、蓝、靛、紫七种颜色。

不同颜色的光折射率不同，如果角度适宜，我们就能看到由七种颜色组成的彩虹了。

水滴也是彩虹形成的条件吗？

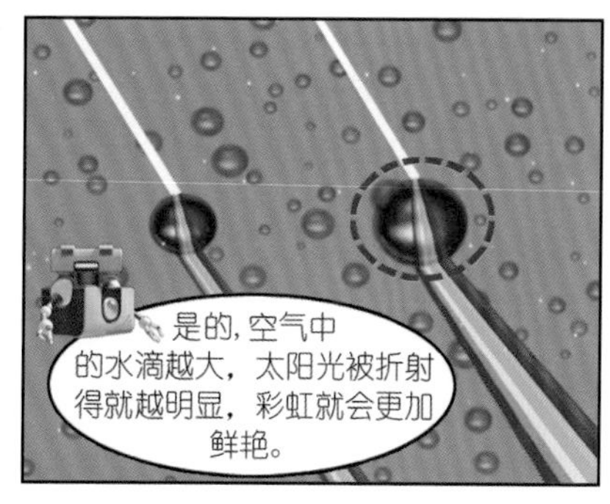
是的，空气中的水滴越大，太阳光被折射得就越明显，彩虹就会更加鲜艳。

那为什么有时候下雨过后没有彩虹呢？

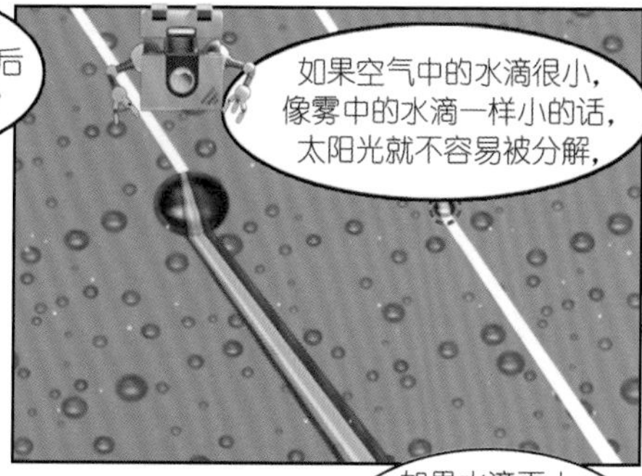
如果空气中的水滴很小，像雾中的水滴一样小的话，太阳光就不容易被分解，

我们能看见的虹就是白色的，称为白虹。

如果水滴再小，比雾中的水滴还小的话，那连白虹都看不到了。

太阳、大水滴？
有了！

你先去蜜蜜那儿吧，我们迟点儿给蜜蜜过生日。

瘦瘦猴，你快帮帮我！早点儿让蜜蜜看到生日彩虹。
好！

蜜蜜！
生日快乐！

谢谢！
小灵狐、瘦瘦猴，你们这是……
你们的礼物是大水箱？

当然不是啦！
我们的礼物是天上最美丽的彩虹。

瘦瘦猴，
开始吧！

阳光、大水滴，
我们来造彩虹吧！
天色突然暗了下来。

天空中乌云翻滚，太阳躲了起来。

唉，
事与愿违……

下雨了，
快走！
太阳快
出来啊！

讨厌！为什么
下雨呢？没有太阳
我的彩虹就造不
成了。

小灵狐，
生日蛋糕都快
被我吃光了。

小灵狐，
快吃蛋糕吧！
彩虹怎么办？
我答应送你彩虹
做生日礼物的。

答应别人的
事情，就一定
要做到。

咦？你们
来看呀！外面
的雨停了。

呀！你们
快来看！

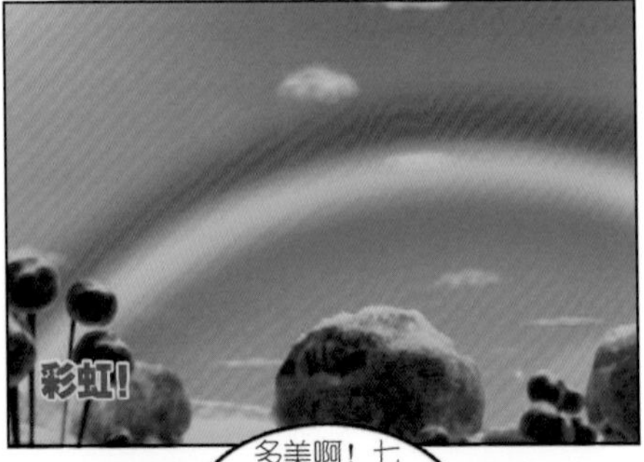
彩虹！

这下真的
有彩虹啦！
而且今天
的彩虹特别
大呢！

多美啊！七
色的彩桥。而且
在生日的时候
看到了。

这就是你
送给蜜蜜的
礼物啦！

谢谢你，
小灵狐！
这个……

完

星星为什么会“眨眼睛”

扫描二维码
观看本集动画

这里真美啊!
咔嚓!

蜜蜜采了一朵野花。

这花插在头上真好看!

天天锻炼，身体好!

救命啊!
咔嚓!

一只蜘蛛爬向了三色犬!
啊!蜘蛛!

哈哈哈……

真没想到三色犬那么凶，竟然会怕一只小小的蜘蛛！
是啊！没想到蜜蜜也有像你这么臭美的时候！

你懂什么，这叫爱美之心！

砰！
哎呦！

什么声音？
如果再举办摄影比赛，你肯定会是第一名。
我没那么厉害啦！上次摄影比赛后，大家都在努力练习，谁能得第一说不定呢。

小灵狐，你说要去拍夜晚的星空，那就去风车山吧。
好主意！

听见了吗？他们要拍星空呢！我们也去瞧瞧。

天黑了，快点到风车山去。
快快快！拿这么多东西怎么快？

我不也拿着相机吗，还不快走！
每次都这样，轻的你拿，重的丢给我。

好漂亮的星空啊！
很棒吧，在这里，一定能拍到很漂亮的照片。

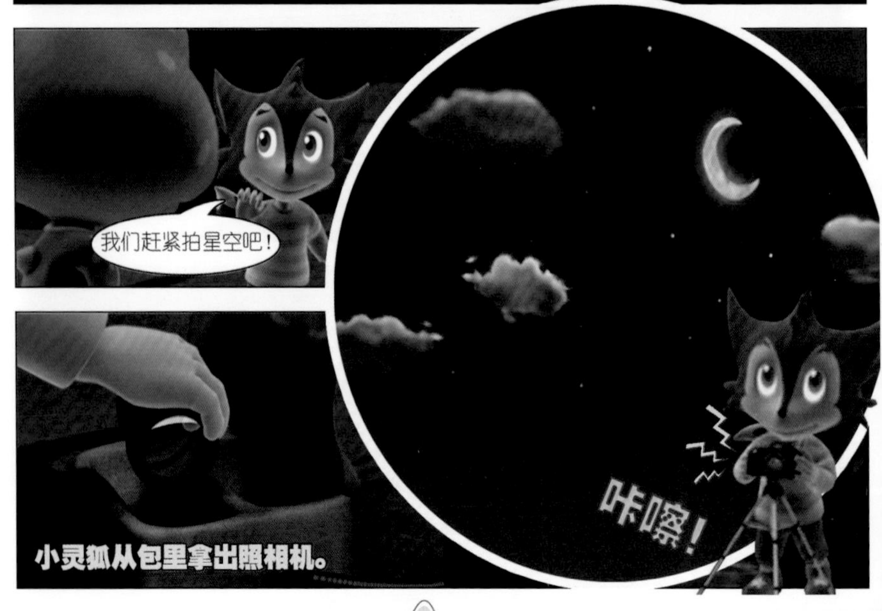
我们赶紧拍星空吧！
小灵狐从包里拿出照相机。
咔嚓！

星星在天空一闪一闪的……

有时候这颗比较亮，
有时候那颗比较亮，
像在眨眼睛。

大笨龙，星星一闪一闪的，在对咱们"眨眼睛"呢。
怎么可能呢？是你自己在眨眼睛吧。

不是，我没有眨眼睛，可是星星的光亮仍然忽闪忽闪地动。
真的是星星在"眨眼睛"呢，以前我怎么没注意过呢？
为什么星星会"眨眼睛"呢？

你们又有问题啦？
他知道我们要来拍摄星空，非跟着不可。
智，智慧魔方？

这么有趣的问题当然得跟来。
那到底为什么星星会“眨眼睛”啊？
星星看起来会“眨眼睛”，是因为包围地球的大气在不断变化的缘故。

可是，这和星星会“眨眼睛”有什么关系？

星星发出的光，在到达我们眼睛以前，必须穿过地球的整个大气。

由于大气中各层的温度、密度各不相同，而且大气又是在不断地变化着，穿越大气的星光在不同的地方折射程度也就不一样。

光线有时集中在一起，有时又散开，这就是我们看到的星光在不断地闪烁，就像眨眼睛一样的原因。

说到这里，你们现在明白了吗？
嗯，星星“眨眼睛”是大气层在变化，使我们看到星星的光亮也跟着在变化。

如果没有大气层，星星也就不会对我们“眨眼睛”了。

那当然！不过，如果没有大气层，咱们也就不能活啦！

小灵狐，小灵狐，我们来抓你啦！
你……你是谁？

我是外星人。
你，你为什么要抓我？我又没做什么坏事。

谁让你总是自高自大假装聪明，还总是欺负唧唧、喳喳。
没，没，没有啊！都是唧唧、喳喳在捉弄我。
咔嚓！
哎哟！好疼啊！
唧唧不小心摔了一跤。
咦，什么声音？

糟了！好像被发现了，赶紧躲起来！
唧唧躲进了草丛中。
大笨龙捡起石头扔了过去。
小灵狐，一定是有人在装神弄鬼。看我的！

哎呦！
石头砸中了“外星人”。

喳喳，你怎么样了？
大笨龙这家伙，疼死我啦！

原来是你们！你们太过分了！

唧唧，情况不妙啊！
是啊，快撤！

可恶！让他们跑了！

地上怎么
有几张照片？
小灵狐，你看！
哈哈哈！蜜蜜和三
色犬可真可笑，这
是他们偷拍的吧！
唧唧、喳喳这么
吓唬你，也是想拍到你
最狼狈的表情。
这回我看唧唧、
喳喳怎么跑！

Z Z Z Z Z Z
第二天，天刚刚亮，
唧唧、喳喳还在睡觉的时候……

唧唧、喳喳，快
出来！竟敢把我们
拍成这个样子！

这下惨了，唧唧，
我们该怎么办？
先躲着再说吧！
完

什么是黄梅天？

扫描二维码
观看本集动画

哗啦啦……
嗨哟！
嗨哟！

这雨都下了好多天了，怎么还不停呀？

咦，这是什么？

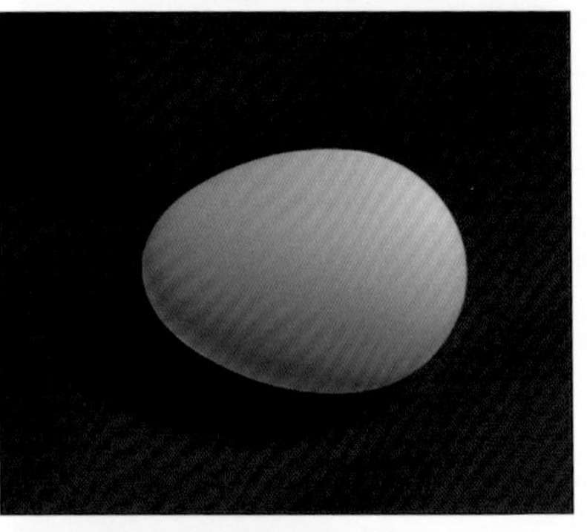

哎呀，好可怜的蛋，你妈妈呢？

这样躺着会着凉的，我来给你做个床吧。
啪嗒
啪嗒

嗯，这篮子不错，就用这个。

咚……

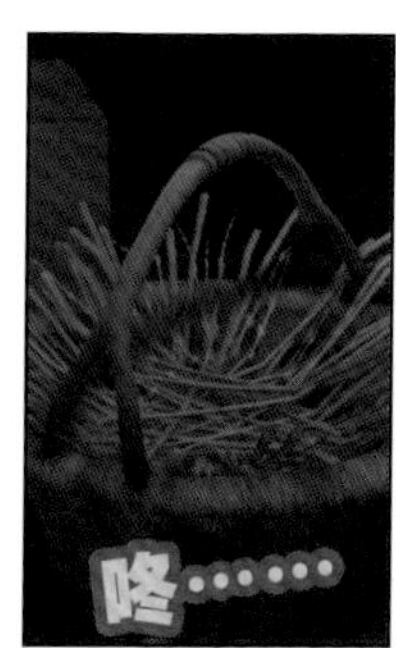
咚……

咚……

咚……

好了，这样
你就能在这里安心等
妈妈来啦。

五天后

哗啦啦……
这雨怎么还不停呀？
鸟妈妈也没来，这蛋可
怎么办呀？

啊！不会吧。
这蛋怎么变花蛋了？

难道，这是
会变色的蛋？

太好了！
我有一个会变色
的蛋啦！
哈哈！

我得把这个好消息告诉小灵狐他们。
跳！

喳喳，听到了吗？一个会变色的蛋。

嘿嘿
唧唧，你是想，把这个神奇的蛋偷过来？

聪明，这天底下凡是好玩儿的，都归我们。

走！

淅淅沥沥……

这雨总下个不停，到底要下到什么时候呀？

燕博士说了，这是黄梅天。

什么是
黄梅天呀？
我们还是等燕博士
回来再问问她吧。

嘭！
蜜蜜，
小灵狐。

怎么了，
跳跳鼠？
喘
喘

我捡到了一个
会变色的蛋！

什么是
会变色的蛋？
??

嗯，好呀！
要不，我们一起
去看看这个蛋。

啪嗒
啪嗒

嘿嘿
这蛋花花绿绿的
一定很好吃！

等等，我们先拿给燕博士去炫耀一番，怎么样？
嗯，好主意。

嗯，那不是燕博士吗？

燕博士！
啪嗒
啪嗒
这是我们远房亲戚点点鸟的蛋，好看吧！
今天让你见个宝贝。

点点鸟？我怎么没听说过这种鸟啊。

嘻嘻
这你就不知道了，只有我们家族才有这么奇特的鸟。

淅淅沥沥……
那不是燕博士吗？燕博士！
哎！你们怎么来啦？
啪嗒
啪嗒

我们听说跳跳鼠有
一个会变色的蛋，想请你
一起去看看。

呀！
那不是
我的蛋吗？

你的蛋？
别开玩笑了。

是我的，你看
上面的斑点。

胡说！这是我们
远房亲戚点点鸟
的蛋。
你又不会下蛋，
凭什么说是你的。

你看，这篮子有
我的标记，篮子里的蛋
一定是我的！

哎，
你小心点儿。
哼！ 篮子是你的
又怎样？这蛋
是我们的。
拔……

啊！

啪！

啊！
我的蛋！

哎呀，这蛋怎么这么臭啊！

跳跳鼠，别伤心，这蛋是坏的。

我的蛋怎么是坏的？

它的外壳布满了斑斑的霉点，又散发出一股臭味儿，就是变质的表现呀。

啊！我还以为是个会变色的蛋。

跳跳鼠，这蛋，你是怎么得来的？

前几天，我在储藏栗子的时候发现了这颗蛋，怕它冷还给它盖了绒布，可今天就发现它变色了。
原来是这样，最近天气闷热还一直下雨，这种温度、湿度很容易造成东西的腐坏。

这不能怪你，要不是这鬼天气，蛋也不会坏了。
可怜的蛋，都是我不好。

这不是鬼天气，是黄梅天。

对了，燕博士，这黄梅天到底是怎么回事呀？

嗯，那我来给你们说说什么是黄梅天吧。

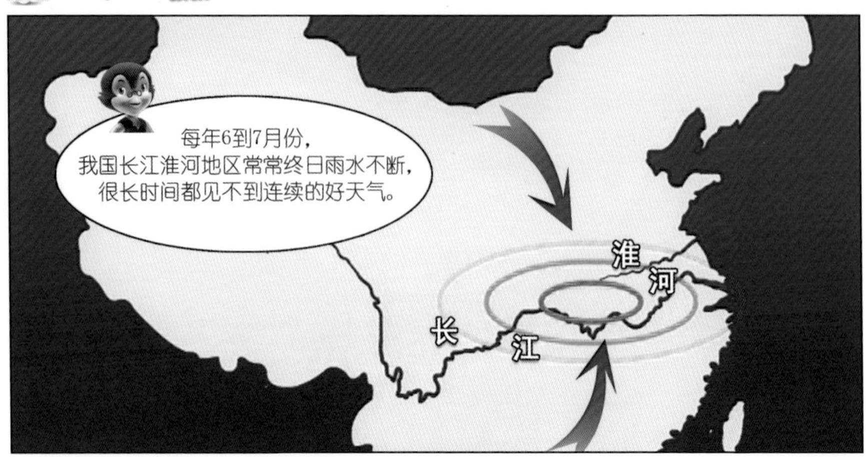

每年6到7月份，
我国长江淮河地区常常终日雨水不断，
很长时间都见不到连续的好天气。
淮
河
长
江

此时正是这个地区
梅子成熟的季节，因此老百姓把
这种天气叫作黄梅天。
那雨水不断，
又是什么原因呢？
当冷、暖气流相遇时，暖湿气流
沿着冷气团向上爬升，它里面的
水汽遇冷就会凝结成水滴，最后
变成雨落下来。
冷空气
暖空气
暖空气爬升
冷空气
水汽
暖空气
水汽
冷空气
水汽

6到7月份，南方的暖湿气流会延伸到江淮地区，给这地区带来丰富的水汽资源，

水汽
水汽
水汽
水汽
同时北方的冷空气也不甘示弱，时不时南下影响这一地区。

北方
由于冷暖空气长时间在这地区碰面，它们势力旗鼓相当，短兵相接，战场就摆在江淮地区，
冷空气
哈！
淮
河
暖空气
长
江
咦！
钓鱼岛
南方

哗啦啦……
导致这个地区雨水不断，个把月都见不到好天气。
哦，原来是冷暖空气“打仗”，才会有这阴雨连绵的黄梅天。

哼，我还以为是什么宝贝蛋呢。
原来只是发霉，害得我们辛苦地把它偷来。

哦，唧唧、喳喳，原来这蛋真是你们偷的呀。

哎呀！又说漏嘴了。
快撤！

哎呀！

完

一天中什么时候空气最新鲜？

扫描二维码
观看本集动画

好开心啊！

谁让你们在这
玩儿了？这是我的地盘，
我要教训教训你们。

救命啊！

住手！超级
无敌小灵狐在此，
不许你欺负她们。

啊！是小灵狐
大英雄，我错了，
我再也不敢了！

哈哈哈！
哇！小灵狐
好帅啊！
小灵狐，
真厉害！

哈哈！
我是最棒的！

嘭
嘭
嘭
小灵狐，
快开门！

谁啊？
大清早敲门。
原来是瘦瘦猴。
我们一起
去跑步吧！

我当什么急事呢。
这么早跑什么步啊！
不早了，
现在都7点了。

昨天是你
说要早起锻炼，
不睡懒觉的。

困死了，我要回
去睡个回笼觉。

你怎么说话
不讲信用？！
好困啊！
我要睡觉。

据说早上运动
有好处的，会使人
变得特别聪明。

我已经很聪明啦，所以不需要运动。

对了，蜜蜜早上做了好吃的点心，去晚了就没有了。
真的?!

为什么我大清早的要出来跑步呢？
于是……

瘦瘦猴，我怎么越跑越累啊？

跑不动了，好难受啊！

跑这么几步就累了，小灵狐，你太缺乏锻炼了。

我觉得空气不是很好，感觉闷闷的，不舒服。

不会吧？我听别人说，早上的空气很好的。

好啊！
一会儿大家都会去燕博士家，我们顺便咨询一下燕博士。

全速前进！

咦？跑这么快？你不是说不舒服吗？

蜜蜜的点心在等着我呢！

燕博士家

你怎么了？小灵狐。
一大清早被瘦瘦猴拉起来跑步，好累啊！

可我早上只想睡觉。
小灵狐，早睡早起，多运动，有益健康。

我也觉得早上睡觉最舒服了！

你们只爱睡觉，
不运动，会变胖的。

谁说我不运动
呀？我只是不喜欢
早上运动。

你们在聊什么呢？
这么热烈。

我们在讨论早上运动
的事，您能和我们说说清早
运动有什么好处吗？

其实从气象的角度
来说，清早运动并不是
最佳的选择。

看来我的观点是对的，早晨就应该睡觉。
可是大家都说，早上空气最新鲜，早上运动有益健康。

运动有益健康没错，问题是早上的空气并不是最新鲜的。

空气污染
许多人误认为早上的空气最新鲜，就选择早上进行锻炼。

工厂排出的烟尘
其实空气的新鲜程度，主要取决于空气的污染程度。空气的污染主要由四个方面造成。
各种机动车辆排放的废气
绿色植被夜间排出的二氧化碳
炉灶的烹饪油烟

空气中这些污染物
的含量在一天中不同的
时间，是不一样的。

这是为什么呢？

上升
空气中的
污染物
白天，随着地面温度的
升高，暖空气会将空气中
的污染物带到高空。

逆温层
晚上，地面温度下降的比
高空快，地面上空会出现一个逆温层，
像罩子一样罩在空中，使地面的
污染物不易扩散。

所以夜晚的空气不如白天
的新鲜，空气污染最严重的时间
是晚上7点和早上7点左右。

难怪，早上跑步的时候觉得很不舒服。
原来是这样啊！

那什么时候空气最新鲜呢？

据有关部门检测，一天中空气最新鲜的时候在上午10点左右和下午三四点钟。

太好了！以后我可以睡到10点以后再起来运动。

虽然清晨的空气不适合户外运动，但你也不能睡懒觉。

早睡早起对身体有好处。你可以早上起来看看书，到10点再出去运动。

哦，知道了。

现在10点了，我们去帮燕博士除草吧。
我好像有什么事没做？
好啊！

肚子好饿啊！对了，我还没吃早饭呢。蜜蜜，有没有点心吃？
咕噜！
干完活才有点心吃。
完

霞为什么那么艳丽

唧唧、喳喳，坑挖好了吗？
挖好了，挖好了。

哇！是红薯！

烤红薯最好吃了，光想着就让人流口水。

三色犬，这些红薯是哪来的？

问那么多干什么？想吃的话，去找点儿柴火来。
是！

小灵狐!
噢!是
大笨龙啊!

你这么早
就起来跑步了,
真难得。

天才小灵狐
偶尔也需要
锻炼锻炼。

那我们就
一起锻炼吧!

奇怪?天空怎么
变红了?
是啊,该不会是
哪里着火了吧?

那是霞光啊！
!

智慧魔方，你不要不声不响地出现，好不好啊？

我是刚好路过这里，看到你俩对着天空发呆。

你说那是霞光？霞光是什么东西呀？

要解释霞光，就要先从霞光的分类说起。

朝霞
霞分为朝霞和晚霞，早上日出前后，在东方天空看到的霞叫朝霞，傍晚日落前后，在西方天空看到的霞叫晚霞。
晚霞

哇！好香啊！

烤得差不多了，
我先尝尝。

好烫！
好烫啊！

怎么样？
烤熟了吗？

烤熟了，好吃！
真好吃啊！

太好吃了！
我还要再吃一个。

嗯？你们要干什么？
拜托，也给我们留几个吧。柴火是我们找来的呀！

少废话！红薯是我找来的，我想吃多少就吃多少。

不行，我们也要吃！
快放开，我要发飙啦！

啊！

哎呀！
松手

点燃的树枝飞了出去……

那霞是怎么出现的？
为什么霞会有那么艳丽的颜色呢？
回答这个问题前，先要了解太阳光的组成。

太阳光是由红、橙、黄、绿、蓝、靛、紫七种颜色的光组成。

我们生活的地球周围，包围着一层厚厚的大气层。

尘埃
冰晶
水汽
大气层里除了空气外，还存在着许多细小的尘埃、冰晶和水汽等杂质。

这些杂质和大气分子能够吸收和散射太阳光中的紫色、靛色和蓝色光。

如果太阳光中的紫色、靛色和蓝色光被吸收和散射掉了，那就只剩下红色、橙色和黄色这些光了，
于是天空中就出现了艳丽的色彩，形成了霞。

也不全对，
你有没有发现，霞只在
早晨和傍晚出现。

对啊，我从来
没在中午见过霞。
这是为什么呢？

在日出、日落的时候，
太阳处在地平线附近。

阳光要到达我们所在的地方，
要穿过很厚的大气层，这样就能把
几乎全部的紫色、靛色和蓝色光
散射和吸收掉。

在中午，阳光
需要穿过的大气层比较薄，
被大气散射吸收的少，
不容易形成霞。

原来是
这样啊！

可是，为什么
霞还会冒烟呢？

糟了！森林里
着火了。

我们赶紧开
飞碟去救火。

糟了！火越烧
越大了。

唧唧、喳喳，你们
快想想办法啊！

我看我们
还是逃命吧！

你为什么不早说，
现在火烧这么大，
想跑都跑不了了。

那怎么办？我们
要变成烤小鸟了。

啊！有人来
救我们了。

灭火装置
启动。
森林大火被扑灭了。

多危险啊！你们
怎么搞成这样！
还好我们及时
赶来，把火给灭了。

都怪唧唧、喳喳
和我抢红薯才……

动作快点。
唧唧、喳喳，
你们在干什么？

红薯是
我们的啦！
给我回来！

啊?!
那袋红薯好像
是我昨天忘在
地里的。

原来这袋
红薯是三色犬
捡来的！
把红薯还我！
完

雾是怎样形成的？
扫描二维码
观看本集动画

嗞嗞嗞……

你们的食物做好了，请慢用。

三……三色犬，这个……
可以不吃吗？

少废话，快吃！

快吃吧，小心被揍……
这也太难吃了吧……

怎么？不好吃吗？

好……好吃！太好吃了！！

那当然！我烤的东西都是一流的。
得意洋洋！

不过就两个客人太没意思了……
嘿嘿嘿……
奸诈地笑……

唧唧、喳喳，你们去多找些人来。
怎……怎么找啊？

这我可不管，不过要找不来人……

我这菜单上可缺两份烤鸟呢！
!!!

我们这就去！

请我们吃烧烤？

是啊，三色犬说上次着火的事情是他不对，要给大家赔礼道歉呢。
总觉得有点不对劲儿呀……

是真的吗？
是呀是呀！快去吧。
晚了可就没了。

谢谢你们，我这就去。
嘻嘻，真好骗。
唧唧，我们这样能行吗？

喳喳，三色犬人缘那么差，不这么说他们能去吗？
可是……

别废话了，还得去找其他人呢。

这是什么呀!真难吃!
三色犬你会不会烤肉啊?

就是，这烤香蕉
怎么还放辣椒啊!
这根本就没烤熟啊!

辣死我啦!

怎么可能？我的手
艺可是一流的。

可是，可是烤
鱼不是应该先把鳞
片刮掉的吗？
还有烤栗子,
都成黑碳了。

少废话!!

我是这里的老板,
我爱怎么烤就怎么烤!
哼!

○○○○○○

你不是为了跟我们道歉，才请我们来吃烧烤的吗？

什么道歉？今天是我三色犬烧烤店开张的日子！

我让你们来捧场，可不是让你们来捣乱的。

三色犬，我觉得你根本就不应该开这个烧烤店。

什么意思？你凭什么说我不该开烧烤店？

你的烧烤店会产生很多烟尘，污染村子的环境。
还有，你做的食物太难吃了。

三色犬，你应该先把烧烤店关了。
对对对！

应该关了!
关了!

我就是不关，我要继续当老板!

那你就烤给自己吃吧，我们不会再来了!

就是，我们走!

夜幕降临……

Z Z Z

黑烟阵阵。

第二天

三色犬家和附近的森林发生火灾，请大家救援！！

惊醒！

糟了！

怎么起了这么大的雾啊？！
！！！

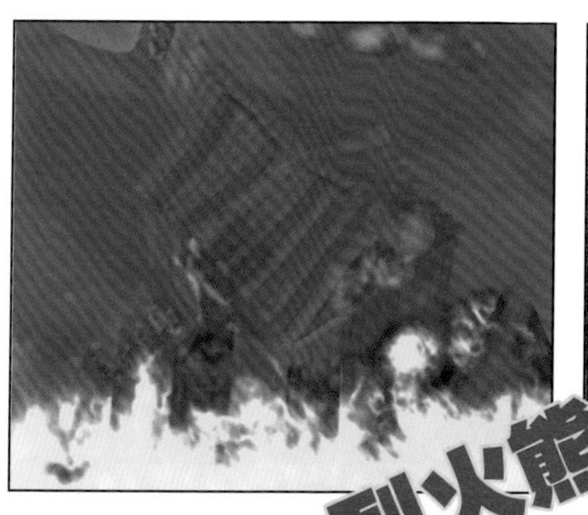

啪啪!
烈火熊熊!

掉落!

啊!

咻!

奇怪，我怎么跑这来了？
是瘦瘦猴吗？

瘦瘦猴，三色犬那的森林都着火了！
嗯，我正要赶过去。

可是不知道怎么就飞到这里来了。

都是这场雾。现在只好希望雾赶紧散了。
只好这样了。

烧得精光……

完了！全完了！！

三色犬，你没事吧？
呜呜呜……

能没事吗？这片森林全烧光了！
你们见死不救！

我们接到你的求救警报就立刻出发了，可是这场大雾让我们迷失了方向，所以来晚了。
雾？怎么会有雾？这雾是怎么来的啊？

还不是因为你的烧烤店吗？
什么?!
雾的形成需要两个条件。第一，空气中要有大量的水汽；第二，空气中有许多由细小灰尘、杂质、颗粒等凝结核。

℃
空气中含有一定的水汽，这些水汽是没有颜色的透明气体，因此平时谁也看不见它们。
但是温度一降低，这些水汽很快就会和凝结核“拥抱”在一起，
变成一颗颗小水滴飘浮在空中。如果这些水滴很多，就会形成白茫茫的雾，阻碍我们的视线。

我知道了！
三色犬的烧烤店着火引发森林火灾，制造了大量的烟尘，烟尘中的小颗粒起到凝结核作用，飘散在空气中。

这样就容易形成雾了。
对，就是这个道理。
大雾天气会影响飞机起落、轮船航行、汽车行驶，容易造成各种交通事故。
雾一旦出现，就很危险。

如果你不开烧烤店，就不会发生火灾引起大雾了。

我可没空和你们闲聊下去。

要是早知道这样……

我才不开什么烧烤店呢！
呜呜呜……
完

人工可以消雾吗？
扫描二维码
观看本集动画

喳喳去哪儿了？
这小子最近神神秘秘的，
还总躲着我。

找到他了！
嗯？他在干什么？

应该就在这附近。

找到了，这么漂亮
的蘑菇一定很好吃。

喳喳！你居然背着我
偷藏好吃的东西！
糟了！被唧唧发现了。

别跑！
这是我找到的，
想吃自己去找。

哈哈！你休想跑掉。
不好！要被追上了！

我把它吃掉，
看你怎么抢。

不许吃！

我要全部都吃掉。

啊！

一边飞，一边吃
东西，分心了吧？

这下美味的蘑菇
就是我的了。

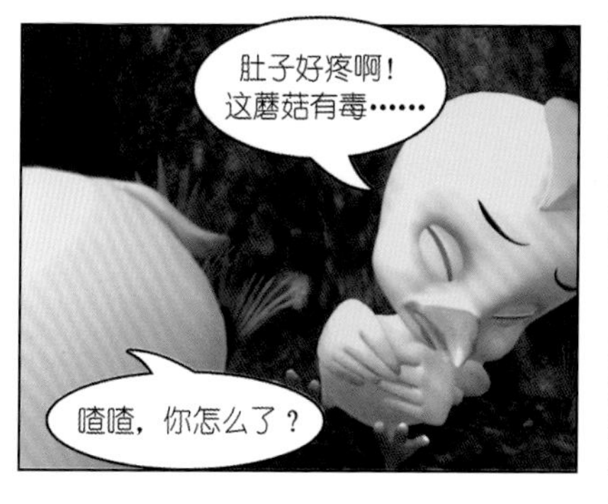
肚子好疼啊！
这蘑菇有毒……
喳喳，你怎么了？

喳喳，快醒醒，
快醒醒啊！

你们听！
有什么人在求救。
救命啊！

声音是从这边
传过来的。

我们赶紧去看看吧。

喳喳！喳喳！
你快醒醒啊！

唧唧，出什么事了？

喳喳吃了半个这种蘑菇，
就变成这样了。

哎呀！吃了这种
剧毒蘑菇，3个小时内如果
没有解毒的草药，喳喳就有
生命危险。

那怎么办呢？
喳喳是不是没救了？

羊爷爷，你知道解毒的草药在哪里吗？
据我所知，这种草药只生长在迷之森林里。

迷之森林离这很近，我们赶紧出发吧！

前面就是迷之森林了。

羊爷爷，我们要找的草药长的是什么样啊？

我们要找的草药叫七叶一枝花，是非常稀有的草药。

我们只有3个小时，一定要找到七叶一枝花。

这里没有。

这里也没有。

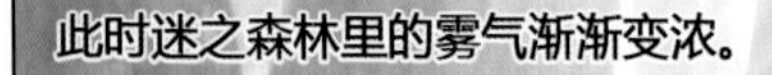
此时迷之森林里的雾气渐渐变浓。

不好！起雾了！

小灵狐，大笨龙，
你们快回来！
这里之所以叫迷之森林，
就是因为在这里要是迷路了，
几天都走不出去。

起雾了，你们要小心，
别迷路了！
羊爷爷，
怎么了？

怕是只有等到
雾散了才能前进。
周围的雾
越来越浓了。

糟了！连回去的路也
被大雾笼罩了。

喳喳！快醒醒啊！
喳喳！

我以后再也不抢
你的东西了，快醒醒啊！

再这样下去，喳喳
会有生命危险的。
我们也会被困在这个
迷之森林里，无法出去。

对了，有天气问题
就找燕博士。
燕博士，我们给喳喳
找救命的草药，被大雾
困在迷之森林里了！
别着急，我让瘦瘦猴开
飞碟过去，用人工的办
法消除大雾。

看！是瘦瘦猴的飞碟，
好像在撒什么东西。

雾渐渐消失了！

哇！居然可以
人工消雾，太神奇了！

赶紧找草药吧，
剩下的时间不多了。

这七叶一枝花
还真难找啊！
仔细找，
一定会有的。

我找到了
七叶一枝花！

我们赶紧回去吧！
嗯。

喳喳，快把
这草药吃了！

怎么样？

肚子不疼了。

太好了，
喳喳得救了！
多亏了燕博士和
瘦瘦猴的帮助。
要谢谢他们。

燕博士，谢谢您和
瘦瘦猴的帮助，喳喳
现在没事了。

没事就好。

您是用什么
办法消除雾的呢？
太神奇了！

这要从雾的
形成说起。

水滴
雾是由空中悬浮的水滴或冰晶组成的。

雾之所以能阻碍人们的视线，是因为雾滴能把来自物体的大量光线散射掉，
来自物体的光线

就使人们看不清远处的物体。

雾分为冷雾、暖雾和冰雾三种。

因此人工消雾的方法也分三种。

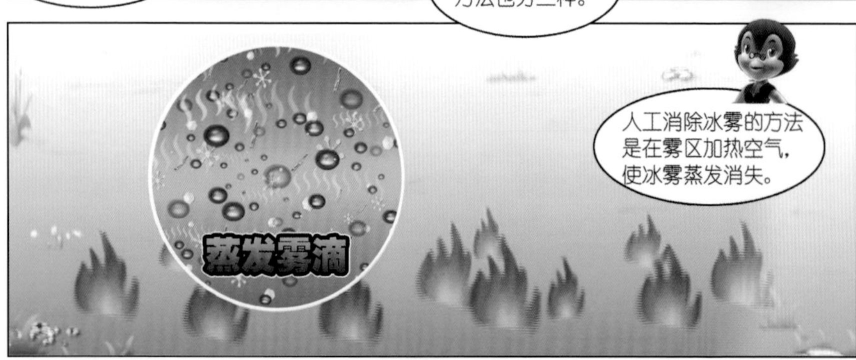
人工消除冰雾的方法是在雾区加热空气，使冰雾蒸发消失。
蒸发雾滴

干燥的空气
大雾
人工消除暖雾的方法是用飞机螺旋桨搅拌，使上下干湿空气混合，消除雾气。

或在雾中播撒吸湿性物质，使雾滴增大降落，减小浓度。

哦，是这样呀！
或在雾区安装喷射高温气体的发动机，加热空气，以蒸发雾滴。
最后是人工消除冷雾的方法，通过播散致冷剂，

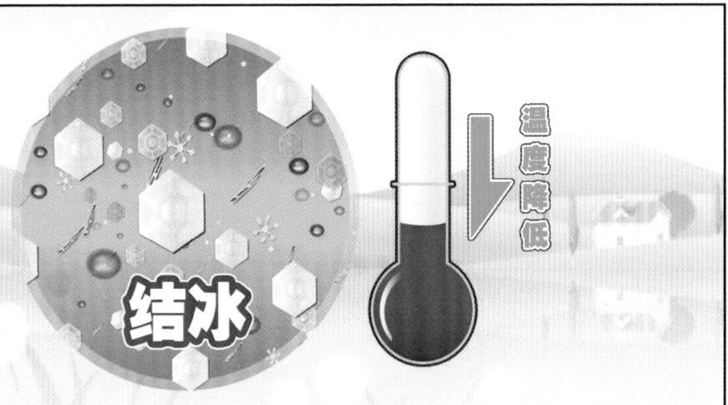

结冰
温度降低

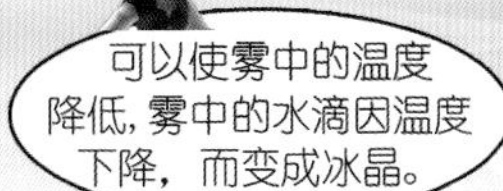

可以使雾中的温度降低，雾中的水滴因温度下降，而变成冰晶。

增大
落下
落下
增大
这些冰晶不断地增大，最后落到地面上，从而达到消雾的目的。
原来瘦瘦猴是用这种方法消雾的，谢谢燕博士。

喳喳，是小灵狐他们救了你。

是吗，那我们以后少捉弄他们几次吧！

哼！救了他，他还说这种话。
唧唧、喳喳就是这样子的，呵呵！
平安就好，平安就好啊！
完

气象预警信号小知识

大雾预警信号

凡是大气中因悬浮的水汽凝结，能见度低于1千米时，气象学称这种天气现象为雾。雾是接近地面的云。雾是由悬浮在大气中微小液滴构成的气溶胶。

大雾黄色预警信号

12小时内可能出现能见度小于500米的雾，或者已经出现能见度小于500米、大于等于200米的雾并将持续。

大雾橙色预警信号

6 小时内可能出现能见度小于200米的雾，或者已经出现能见度小于200米、大于等于50米的雾并将持续。

大雾红色预警信号

2小时内可能出现能见度小于50米的雾，或者已经出现能见度小低于50米的雾并将持续。